DIRECCIÓN EDITORIAL: Antonio Moreno Paniagua
GERENCIA EDITORIAL: Wilebaldo Nava Reyes

COORDINACIÓN Y EDICIÓN DE LA OTRA ESCALERA: José Manuel Mateo
DISEÑO DE LA COLECCIÓN: La Máquina del Tiempo
DISEÑO Y FORMACIÓN: Leonel Sagahón / LMT

PRIMERA EDICIÓN: Julio de 2006

D.R. © 2006, Ediciones Castillo, S.A. de C.V.
Av. Morelos 64, Col. Juárez,
C.P. 06600, México, D.F.
Tel.: (55) 5128-1350
Fax: (55) 5535-0656

Ediciones Castillo forma parte
del Grupo Editorial Macmillan

info@edicionescastillo.com
www.edicionescastillo.com
Lada sin costo: 01 800 536-1777

Miembro de la Cámara Nacional
de la Industria Editorial Mexicana
Registro núm. 3304

ISBN: 970-20-0840-9

Impreso en Tailandia / *Printed in Thailand*

Impreso por Thai Watana Panich Press Co., Ltd.,
Wave Place Building, 9th Floor, 55 Wireless Road, Lumpini,
Pathumwan, Bangkok 10330, Tailandia, julio de 2006.

Claudia Hernández García
Ilustraciones de Luis G. Pombo

REDNDO

O CUANDO LOS CÍRCULOS SE CONVIERTEN EN ESFERAS

LA OTRA ESCALERA

CASTILLO

¿Qué tienen en común
el iris de tus ojos, la Luna
y un disco compacto?
La forma.

Los tres son circulares.

2

Mira a tu alrededor y seguro verás muchos objetos
más que tienen esta forma; los círculos están en todas partes.
Incluso puedes hacer círculos con tu cuerpo: estira los brazos
y ponte a dar vueltas; estira el dedo índice y hazlo girar.
Hasta los brazos pueden formar círculos.

3

Antes de empezar a hablar de los círculos vamos a aclarar cómo se llaman algunas de sus partes.

El punto que está en el centro del círculo se llama justamente así: CENTRO DEL CÍRCULO.

La orilla de un círculo se llama CIRCUNFERENCIA.

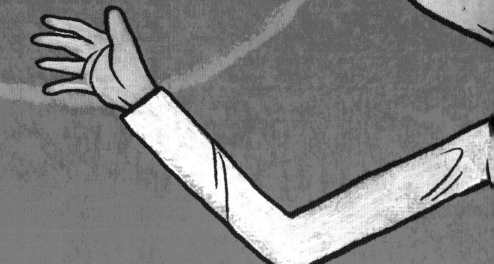

Cualquier línea que se traza desde el centro del círculo a cualquier punto de la circunferencia se llama R A D I O .

La línea que va de un punto de la circunferencia a otro y pasa por el centro se llama D I Á M E T R O .

Los círculos son figuras geométricas… perfectamente simétricas.

Veamos esto con un poco más de detalle; primero vamos a fijarnos en un cuadrado.

Si lo giramos un poquito, se ve chueco (como si se fuera a caer).
Si tratas de poner un cuadrado sobre otro que sea igual, pero lo giras un poquito, notarás que no embonan y enseguida se ve que detrás de uno está el otro.

Esto no pasa con los círculos.
Aunque los giremos, nunca se ven
chuecos. Los círculos se ven
igual por todos lados.

Para que quede más claro, vamos a hacer unos dobleces.

Todas las líneas que pasan por el centro de un círculo, los diámetros, lo cortan exactamente a la mitad. Y cuando doblas un círculo sobre cualquiera de sus diámetros, las dos mitades coinciden.

En el caso del cuadrado, todas la líneas que pasan por el centro también lo dividen en dos partes iguales, pero las mitades sólo coinciden cuando doblas sobre las diagonales o las líneas que cortan los lados por la mitad.

Si doblas sobre cualquier otra línea que pase por el centro, las mitades no coinciden.

Mientras que
muchas figuras
sólo tienen algunos
ejes de simetría, como
el cuadrado que tiene cuatro,
los círculos tienen muchísimos.
De hecho, todos los diámetros de un
círculo son ejes de simetría. Los círculos
tienen, como dicen los matemáticos, simetría
radial, y esto les da características que
son muy usadas en el arte y la
arquitectura.

Los círculos tienen otra propiedad que no tiene ninguna otra figura. Todos los puntos de la circunferencia están a la misma distancia del centro del círculo. Otra manera de decir esto es que todos los radios de un círculo son iguales. **Esto se puede comprobar muy fácilmente sentándote a la mesa.** En una mesa rectangular, alcanzar la comida que está en el centro te va a costar mucho más trabajo si te encuentras en la cabecera que si te tocó sentarte en uno de los lados largos. De hecho, para que te cueste menos trabajo alcanzar el centro tienes que sentarte justo a la mitad de uno de los lados largos. ¡Ah! Pero si te sientas en una de las esquinas, alcanzar la comida va a ser todavía más difícil.

En una mesa redonda no pasa esto.
A todos les cuesta el mismo trabajo
alcanzar el centro.

Otra cosa que pasa con los círculos es que todos sus diámetros miden lo mismo. Ésta es una propiedad que usamos con frecuencia. Cuando giras cualquier rueda, siempre ocupa la misma franja del espacio. Cosa que no pasa con un cuadrado.

Por eso las llantas de los coches, las bicicletas y de todos los vehículos son círculos.

¡Te imaginas qué incómodo sería rodar llantas cuadradas!

A partir de los círculos se forma otra figura.
Para descubrir de cuál se trata hagamos
un pequeño experimento.

Toma una moneda y hazla girar en el piso.
Entre más rápido la hagas girar, más fácil se producirá el efecto.
Conforme el círculo gira forma una esfera.

Las esferas también están en todas partes.
Las naranjas, las pelotas, tus ojos, las canicas, la Luna,
el Sol y hasta los planetas son esferas.

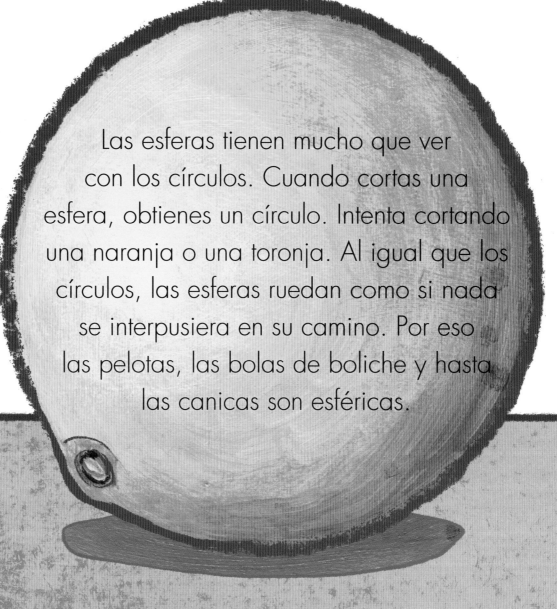

Las esferas tienen mucho que ver
con los círculos. Cuando cortas una
esfera, obtienes un círculo. Intenta cortando
una naranja o una toronja. Al igual que los
círculos, las esferas ruedan como si nada
se interpusiera en su camino. Por eso
las pelotas, las bolas de boliche y hasta
las canicas son esféricas.

Intenta hacer rodar
una caja.
¿A poco no es difícil?

¿Podrías adivinar cuál es la **esfera** más grande que puedes tocar? Una pista: no importa a donde vayas, siempre estás en ella. Exacto. La esfera más grande que puedes tocar es la Tierra, el planeta en el que todos nosotros vivimos. Como la Tierra es tan grande, quienes la estudian han hecho divisiones imaginarias para saber la ubicación exacta de los lugares. Estas divisiones se llaman meridianos y paralelos. Los **meridianos** son mitades de círculo. La Tierra dividida en meridianos se parece mucho a una naranja entera pelada. Los **paralelos** son círculos. Dividir a la Tierra en paralelos es como cortar una naranja en rodajas. En la Tierra hay muchos paralelos, pero uno es el más importante: el **ecuador**. Esta línea invisible divide a la Tierra en dos partes iguales a las que llamamos **hemisferios**. El hemisferio que va del ecuador hasta el Polo Norte se llama hemisferio norte. El que va del ecuador hasta el Polo Sur se llama hemisferio sur.

No solo la Tierra tiene hemisferios, cuando cortas cualquier esfera por la mitad obtienes dos medias esferas o hemisferios. Un hemisferio es una de las formas más resistentes de la naturaleza. Esto lo puedes comprobar muy fácilmente con un huevo.

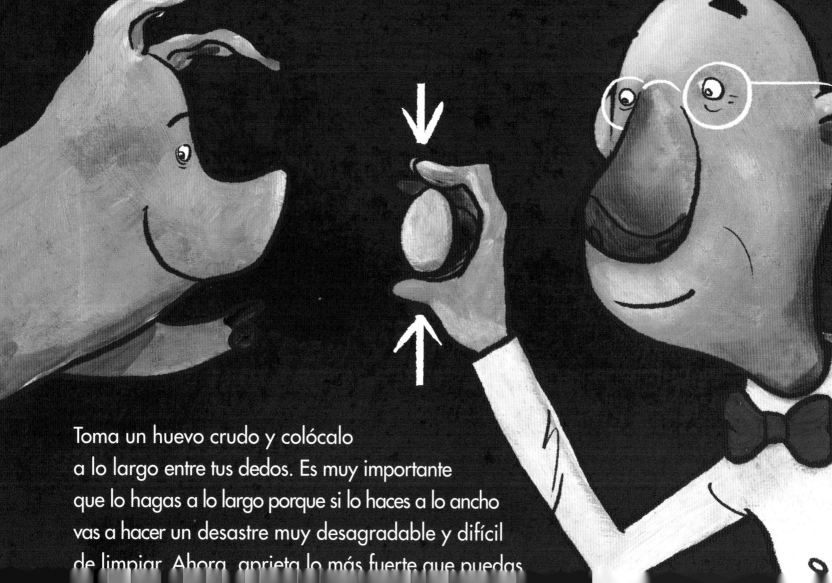

Toma un huevo crudo y colócalo
a lo largo entre tus dedos. Es muy importante
que lo hagas a lo largo porque si lo haces a lo ancho
vas a hacer un desastre muy desagradable y difícil
de limpiar. Ahora, aprieta lo más fuerte que puedas.

No puedes romperlo porque los dos hemisferios
que forman el huevo son más fuertes que tú. Como
el hemisferio es una forma muy resistente, muchos
edificios se han construido tomando esta forma.
¿Has visto algún domo o techo
que parezca una media esfera?

Hay otras esferas que sirven para jugar:

las burbujas.

¿Te habías fijado que todas las burbujas tienen la forma de una esfera? La forma del aro para hacer la burbuja no importa. Aunque soples por un "aro" cuadrado, la burbuja siempre sale como una esfera. Esto pasa porque la esfera es la forma a la que le cabe más usando menos material. Suena complicado, pero no lo es tanto. Veamos un ejemplo. Si metes la mano en un guante, verás que ocupas toda la tela del guante para cubrir tu mano, desde los dedos hasta la muñeca. Ahora, si la metes con el puño cerrado, notarás que sobra la tela que antes cubría tus dedos. Tu mano sigue siendo la misma, pero cuando la haces bolita necesitas menos tela para cubrirla.

La cantidad de piel, agua, órganos, huesos, pelo y células de nuestro **cuerpo** es la misma sin importar si estamos sentados, acostados o parados. ¿Estás de acuerdo?

Bien. Por un momento piensa que no estás usando nada de ropa y que empieza a hacer mucho **frío**. ¿Qué haces? ¿Te paras con las piernas y los brazos extendidos o te haces bolita?

Cuando nos paramos con los brazos extendidos, toda nuestra piel está expuesta a las condiciones del clima y, como no tenemos nada encima, el calor se nos escapa por todos lados. Esto hace que sintamos mucho frío. Para no sentir tanto frío casi siempre nos hacemos **bolita**. Hechos bolita, la piel expuesta al clima es menor, hay menos lugares por los que el **calor** pueda escaparse y nos mantenemos más calientitos.

En realidad
nosotros no podemos
hacernos bolita con facilidad
porque no somos tan flexibles, pero los
osos sí pueden. Seguramente has oído
alguna vez que los osos hibernan, es decir,
se la pasan una gran parte del invierno
dormidos en sus cuevas. Lo que ellos
hacen para no perder tanto calor
mientras duermen es hacerse
bolita.

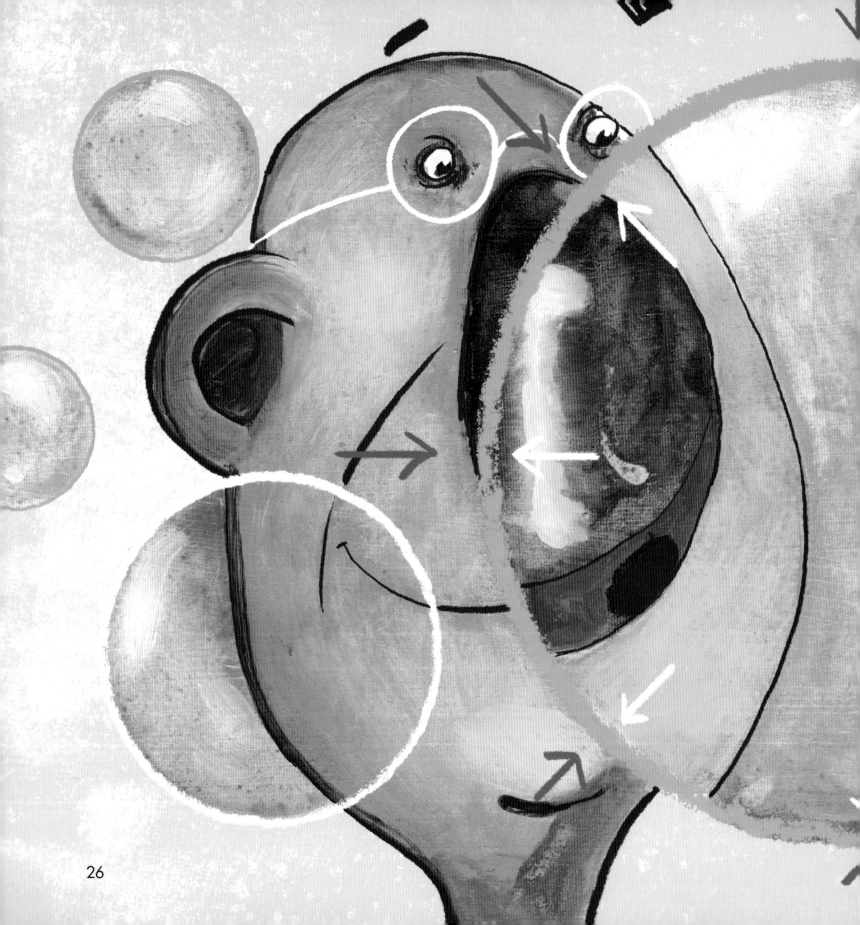

Una burbuja no es más que aire atrapado en una película jabonosa que funciona como una piel muy elástica. En el caso de las burbujas, el aire se moldea de esta forma porque así ocupa menos superficie jabonosa (aprovecha mejor el material de que dispone). Pero ésta no es la única razón por la que las burbujas son redondas. Cuando la burbuja se forma, hay muchas fuerzas que se están peleando. Por un lado, el aire atrapado está tratando de salir y empuja hacia fuera de la burbuja. Por otro, el aire que está afuera trata de entrar y empuja hacia el interior de la burbuja. Como la presión es la misma en todos lados, la forma que soporta este trato es la esfera.

TÚ puedes comprobar cómo actúan las
fuerzas que forman una esfera con un poco
de plastilina. Ponla entre tus manos. Si no haces
nada, la plastilina no va a cambiar de forma.
Si aprietas las dos manos con fuerza, vas a lograr
hacer una tortilla. Si mueves las manos sólo hacia arriba
y hacia abajo, te va a salir una especie de varita.

28

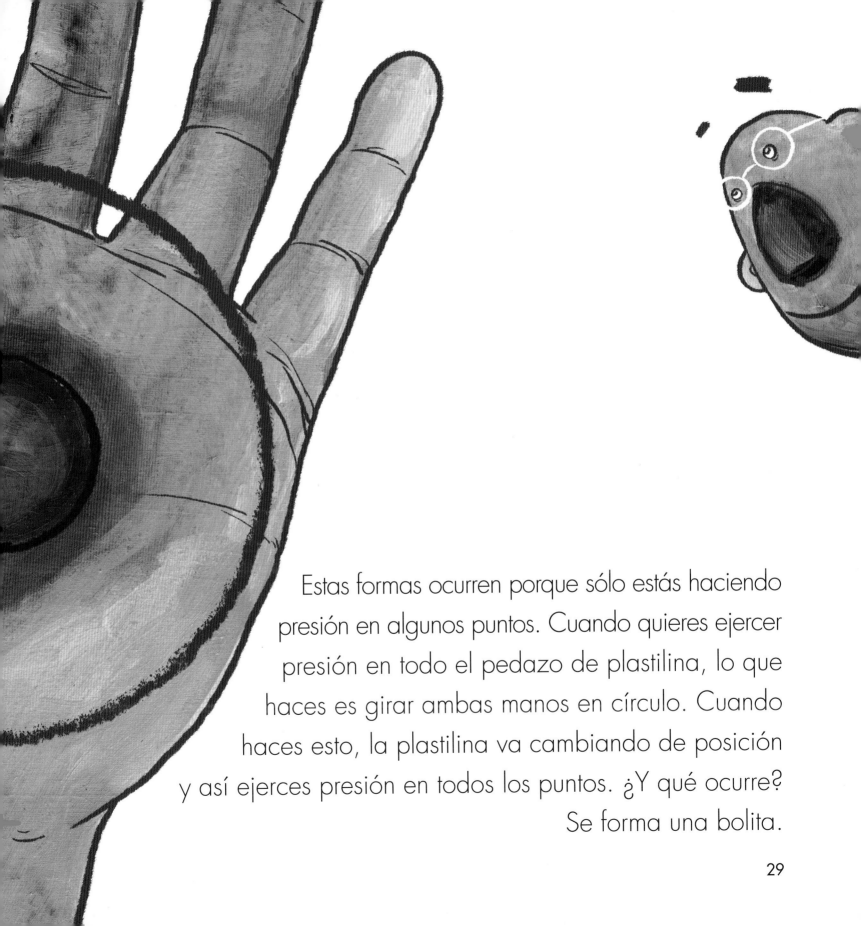

Estas formas ocurren porque sólo estás haciendo presión en algunos puntos. Cuando quieres ejercer presión en todo el pedazo de plastilina, lo que haces es girar ambas manos en círculo. Cuando haces esto, la plastilina va cambiando de posición y así ejerces presión en todos los puntos. ¿Y qué ocurre? Se forma una bolita.

Una de las razones por las que estamos rodeados de esferas es la ley del mínimo esfuerzo. Según esta ley, siempre es mejor hacer las cosas gastando la menor energía posible.

Por ejemplo,

si estás en la planta baja de un edificio y quieres llegar al tercer piso, ¿qué haces? ¿Subes de la planta baja al tercer piso o subes hasta el décimo, luego bajas al octavo, y otra vez subes al noveno, bajas al segundo y ya cuando no te queda más fuerza llegas al tercero? Mejor subes directamente al tercer piso, ¿no crees? Todos los procesos en la naturaleza siguen esta misma ley: hacer las cosas como sea más fácil.

Pues resulta que la forma esférica cumple con esta ley.

Las burbujas toman la forma de una esfera
porque es la forma que les cuesta menos trabajo
tomar. Ya viste que hacer una bolita de plastilina
no es tan difícil; pero si intentas hacer un cubo
o una pirámide verás que no es nada fácil.
Algo parecido ocurrió hace miles de años cuando
se formó la Tierra. La fuerza de gravedad
(la responsable de que siempre caigamos hacia el piso)
comenzó a jalar parejo todo lo que tenía cerca.
Todo aquel gas y polvo espacial se fue acumulando
alrededor del centro de la Tierra y no pudo
sino tomar la forma más fácil: la de una esfera.
Lo mismo pasó con los planetas, la Luna
y el Sol; por eso todos son redondos.

Como ves, muchas cosas no tienen la forma de un círculo o de una esfera nada más porque sí. La próxima vez que encuentres en tu camino algo redondo piensa cómo funcionaría si fuera de otra forma. Ya sea que se trate de una burbuja o de un planeta.